动物观察笔记

孙静◎主编

中国农业出版社

北 京

U0606260

图书在版编目（CIP）数据

动物观察笔记 / 孙静主编 . -- 北京：中国农业出版社 , 2024. 11. -- ISBN 978-7-109-32598-2

Ⅰ . Q95-49

中国国家版本馆 CIP 数据核字第 20244KG889 号

动物观察笔记

DONGWU GUANCHA BIJI

中国农业出版社出版

地　　址：北京市朝阳区麦子店街 18 号楼

邮　　码：100125

责任编辑：全　聪　　文字编辑：陈亚芳

版式设计：易　维　　责任校对：吴丽婷

印　　刷：湖北嘉仑文化发展有限公司

版　　次：2024 年 11 月第 1 版

印　　次：2024 年 11 月第 1 次印刷

发　　行：新华书店北京发行所

开　　本：710mm×1000mm　1/ 16

印　　张：8

字　　数：125 千字

定　　价：30.80 元

版权所有·侵权必究

凡购买本社图书，如有印装质量问题，我社负责调换。

服务电话：010-59195115　010-59194918

前言

　　观察力影响着我们对生活的感知和体验。对孩子来说，大自然这座宝库无疑是最便捷、最丰富的观察对象。通过观察自然，孩子能感受到生命的神奇和美丽，同时通过创作观察笔记，又能手眼配合，进一步提升观察力，开发艺术创造力，感受到充实与快乐。

　　《动物观察笔记》就是一本由孩子亲自参与创作的观察之书。本书由研发团队搭建系统的知识框架，确保全书逻辑科学；再由孩子们集思广益，进行真实的创作延伸。这样，书中既从宏观角度讲述了动物学的理论，也从微观角度细致讲解了多种动物的科普知识。

　　在内容的选择上，本书鼓励孩子从生活出发，将贴近日常的动物作为观察对象，不追求夸张与新奇，而是从平常之中窥见科学的奇妙。真正将观察笔记落脚于亲自观察、切实感受之上，同龄小读者在阅读后，也能做到易学习、好操作、印象深、收获多。在观察的方法上，引导孩子调用多种感官，运用实验探究、比较研究、猜想论证等多种方法来进行观察，以此培养孩子严谨求证、客观记录的务实科学态度。

　　学会观察的同时，学会记录同样重要。本书收集的笔记中，有大量对动物如实的描绘记录，也有不少用观察日记、情景再现、故事漫画等艺术形式创作的内容，这些创意让观察笔记变得活泼、有趣。相信在本书的启发下，小读者们也将发散思维，迫不及待地开始创作属于自己的观察笔记。

　　现在，就请先翻阅这本书吧！在阅读中学习，在学习中实践，相信我们都能成为善观察、爱生活、会表达的人。

你准备好了吗？

笔记本：准备一本轻便的、容易摊开的笔记本，方便你在确定观察对象后随时记录。笔记本可以是空白纸，也可以带有格纹。你也可以准备几张干净的纸，将它固定在画板上进行创作。

铅笔：铅笔可以用来打草稿、做批注或者直接绘图。你可以选择便捷的自动铅笔，也可以根据自己绘制的需求，准备不同型号的木头铅笔，只是别忘了带上卷笔刀。此外，说起做批注，当你有疑问时，可以用铅笔批注在纸上，方便时再查资料弄懂，这样的学习方法，将让你受益匪浅。

橡皮：有了橡皮，你可以用铅笔反复打草稿，如果不满意擦掉就好。请大胆创作，你会画得越来越好！

彩色铅笔：彩色铅笔轻便、干净，是极好的工具。水性的彩色铅笔能溶于水，描绘出水彩效果；油性的彩色铅笔，则可以画出清晰的细腻线条，可根据你的爱好选择。

针管笔：针管笔线条流利，装饰性强，当你熟练后就可以用针管笔直接画。

马克笔：马克笔也有水性和油性两种，油性的颜色鲜艳，不容易被擦掉，但气味比较重；水性的则颜色丰富，色彩更加柔美。此外，马克笔的笔头有圆头、斜头等区别，可以画出不同的线条。

画笔：画笔搭配着颜料一起使用，有大小号之分，数字越大画笔越粗。笔头有圆头和平头、扇形等形状，也有尼龙和动物毛发等不同材料。

颜料：常用的有水彩颜料和水粉颜料两种。水粉颜料比较厚重，覆盖力强，常用来画色块的铺色、叠色，水彩颜料扩散性好，加水可晕染，颜色较为清透。

放大镜：放大镜有利于放大细节，能让观察更加精细准确。通过放大镜，你或许会有一些惊奇的发现。

手表：在创作观察笔记时，你需要写下准确的日期和时间，因此一个提示时间的工具非常有必要。同一观察对象，在不同时间进行观察，很可能会有不同的收获。

怎么做观察笔记？

颜色

特征

尺寸

质感

直接观察

解剖

实验

科学观察

观察方法

草图

速写

艺术绘图

装饰画

水彩、水墨……

绘图方法

科学制图

生长流程

局部特写

分解、剖面

早晚变化

季节变化

周期

时间

光照条件

温度、湿度

生活环境

地点

气候条件

地理位置

笔记本

联想

拟人

感受

对比

比喻

个人情感

7

目录

第三部分
哺乳动物棒棒哒

第四部分
美丽的水世界

第一部分

多姿多彩的鸟儿王国

蓝蓝的天空下，鸟儿在自由自在地展翅飞翔，风儿轻轻地吹，云朵飘来飘去。有时候，它们也会三五成群地聚集在一块儿叽叽喳喳地聊着什么，好像在商量一件顶要紧的大事，又好像只是餐后随意的闲谈，多么生动又有趣的鸟儿世界啊！让我们走进大自然，去观察、去发现、去记录它们的美丽吧！

1. 鸵鸟——世界上最大的鸟儿

鸵鸟小档案

鸵鸟目→鸵鸟科
栖息地：非洲沙漠和热带草原
食　物：植物的茎、叶、果实、昆虫和鸟类等

哇，好高哟！足足有我两个半高哩！

1米

2.5米

鸵鸟主要生活在非洲的大草原和沙漠地带，是世界上现存体形最大的鸟，成鸟的身高可达 2.5 米，雄鸵鸟的体重高达 150 千克，但是它不会飞，只能奔跑，它奔跑时翅膀是展开的，用来掌握身体的平衡。当危险来临的时候，它奔跑的速度非常快，能达到每小时 72 千米，这个速度可以和赛马媲美。

嘿，敢不敢和我比试比试？

比就比，谁怕谁！

鸵鸟是世界上唯一只有两个脚趾的鸟类，它的外趾较小，没有爪子，内趾特别发达。

鸵鸟的脚趾

鸵鸟粗壮的双腿是它们主要的防卫武器，当猎食者靠近时，它就会狠狠地踢过去，力度甚至能致狮子和豹于死地哩！

鸵鸟遇到危险时，会把头埋在沙堆里。鸵鸟有时候还会把头伸到地下的洞里，其实它是在调整蛋的位置；有时候它进食沙子用于辅助消化，所以把头埋下来看起来就好像在躲避危险似的。

遇到强敌时，鸵鸟会用暗褐色的羽毛伪装成灌木丛、岩石等，以避免被发现。

鸵鸟的长相很奇特，它的头小小的，呈三角形，嘴短而平，两只褐色的大眼睛炯炯有神。它身材高大，脖子细长，听觉灵敏，眼神犀利，能识别10公里范围内的物体。

在群体觅食的时候，每只鸵鸟抬头的间隔时间是不规则的，因此总有鸵鸟在四处张望，一旦发现"敌情"，便会立即通报大家躲避。

坏蛋来了，家人们快躲起来吧！

鸵鸟喜欢喝水、沐浴，过着群居生活，常常几只或几十只生活在一起。

我们是快乐的大家庭！

鸵鸟的蛋很大，直径长 15~20 厘米，重达 1.4 千克，颜色像鸭蛋，是最大的鸟蛋。

瞧瞧我的蛋多大啊！

自愧不如！

鸡蛋

鸵鸟蛋

2.蜂鸟——世界上最小的鸟儿

蜂鸟是世界上最小的鸟，它色彩艳丽，爱吃花蜜。飞行时，一对翅膀和空气摩擦发出像蜜蜂一样"嗡嗡嗡"的声音，所以人们叫它"蜂鸟"。

蜂鸟小档案

雨燕目→蜂鸟科
栖息地：北美洲、南美洲
食　物：花蜜、苍蝇和蜘蛛等

蜂鸟，你好！很高兴认识你！

嗨，蜜蜂，你好啊！我是蜂鸟！

蜂鸟不但能在空中悬停，还是世界上唯一一种既能倒飞又能正飞的鸟类。

大多数蜂鸟依靠飞行时高超的悬停技术、精确向前飞行的技巧和它们的长嘴巴来觅食，喜欢吸食花朵中富含卡路里的花蜜。

哇，好甜啊！又饱餐了一顿！

蜂鸟巢的形状像个杯子，悬挂在大树上，由植物纤维、地衣、苔藓和蜘蛛网构成。

蜂鸟筑巢

3. 麻雀——生活中最常见的鸟儿

麻雀小档案

雀形目→文鸟科
栖息地：除最寒冷地区以外的世界各地
食　物：种子、果实和昆虫等

麻雀的个头儿小小的，嘴巴很短，呈圆锥形，稍微向下弯曲。它的左右脸颊各有一块黑斑，这也是它最容易辨认的特点。

我们就是喜欢集体生活。

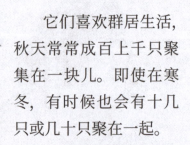

它们喜欢群居生活，秋天常常成百上千只聚集在一块儿。即使在寒冬，有时候也会有十几只或几十只聚在一起。

麻雀生性活泼，警惕性高，适应力强，喜欢栖息在有人类居住的地方。由于它既吃虫子又吃粮食，所以曾经被人们看做是"害鸟"，不过后来终于得以"平反"了。

说我是'害鸟'，我冤枉啊！

中国有句古话说："麻雀虽小，五脏俱全。"意思是说事物虽然微小，但是该有的东西都有。

我的房间真是"麻雀虽小，五脏俱全"啊！

4. 鸽子——会送信的鸟儿

鸽子小档案

鸽形目→鸠鸽科
栖息地：除南极以外的世界各地
食　物：粮食、果实和青菜等

　　和蜂鸟这些色彩艳丽的鸟儿相比，鸽子的色彩就显得单一多了。要画出简单、可爱的鸽子，首先画一个大半圆；接着画一条曲线与半圆相连，形成嘴巴；然后画两条波浪线表示翅膀，用折线画出尾巴；最后勾勒边缘，嘴巴涂上颜色就可以了。

鸽子的羽毛有白、灰、黑、青和绿等颜色。

鸽子的翅膀很长，飞行迅速而有力。它警觉性高，对周围的刺激反应非常灵敏。

鸽子喜欢栖息在高大的建筑物或山岩峭壁上，经常成群结队地出来活动、觅食。

我们喜欢吃这些食物！

鸽子是"一夫一妻"制的鸟类，感情专一，形影不离，由"夫妻俩"共同承担筑巢、孵化和养育幼鸽的责任。

我的爸爸、妈妈感情真好啊！

人们利用鸽子较强的飞翔能力和归巢能力，培养出不同品种的信鸽，为人们传递信息。

鸽子的记忆力很强，一只幼鸽在一个地方长大后，即使被带到很远的地方，它仍然能准确地重返"故乡"。

5. 燕子——捕虫本领高的鸟儿

燕子是人们公认的"优雅之鸟"，它喜欢群居生活，常停在树上、天线上或房屋上。它体形较小，有一身乌黑的羽毛，白白的肚皮，有一双轻快的翅膀，一条剪刀似的长尾巴。

燕子小档案

麻形目→燕科
栖息地：除最寒冷地区以外的世界各地
食　物：蚊、蝇等昆虫

燕子的筑巢本领高超，它喜欢在人们的房梁和屋檐下安家。燕子用嘴衔来泥土、草茎、羽毛和破布等，混合着自己的唾液筑巢，它筑的巢呈杯子形，又结实又暖和。

燕子是益鸟，它是名副其实的捕虫高手，一只燕子一个夏天可捕食 50 万只以上的害虫，它是庄稼的守护者，也是人类的好朋友。

　　燕子是候鸟。秋天到了，它们会成群结队地在第一个寒潮到来之前飞往南方过冬。

小燕子，真美丽，
黑羽毛，白肚皮。
长长尾巴像剪刀，
飞来飞去捉虫子。

小孩子们吟诵着好听的童谣，表达对小燕子的喜爱之情。

燕子无疑是祥和之鸟，是人们最愿意亲近和喜爱的鸟儿，民间流传着"燕子不进愁家"的说法。

燕子的眼睛

燕子的嘴

燕子的翅膀

燕子的脚

燕子的尾巴

在做观察笔记时，除了对燕子整体的把握之外，还要注重对细节的刻画，如它的眼睛、嘴巴、翅膀、尾巴和爪子等。用简洁明了的文字来记录、总结，绘画时要尽量做到生动、立体。

6. 喜鹊——象征吉祥的鸟儿

喜鹊小档案

雀形目→鸦科
栖息地：山区、平原
食　物：种子、谷物、瓜果、昆虫和蛙类等

　　喜鹊的外形和乌鸦十分相似，但它的尾巴明显要长出很多。喜鹊的翅膀又短又圆，全身上下除了翅膀和肩部的羽毛是白色的，其他部分都是黑色的，并泛着蓝绿色的光泽。

乌鸦

喜鹊

喜鹊的适应能力较强，无论是在荒野、农田，还是在城市、乡村，都能看到它的身影。人类活动越多的地方，喜鹊种群的数量也越多。

喜鹊十分机警。觅食时，有一只喜鹊负责守卫工作，如果发现危险，守卫的喜鹊就会发出惊叫声，呼唤同伴们一起飞走。

它的飞翔能力强且持久，飞行时整个身体和尾巴呈一条直线，尾巴微微张开，两翅缓慢地鼓动着。

喜鹊是著名的建筑师，它的窝一般建在高大的树木或烟囱上，十分醒目。喜鹊筑巢的时间较长，从开始衔枝到工程全部结束，大约需要4个月的时间。

在中国民间，喜鹊是吉祥的象征，它有很多优美动听的神话传说、古诗和绘画作品。

神话传说·七夕节鹊桥相会

传说每年农历七月初七，即七夕，会有飞鹊在银河上架起桥梁，让牛郎和织女得以相见，称作鹊桥。

绘画作品·喜鹊登梅

喜鹊登梅是中国传统的象征着吉祥、喜庆的图案，喜鹊登上梅花枝头，寓示着"喜上眉梢"。

无论是用笔来记，还是用笔来画，都需要坚持不懈地付出努力。你可以结合有趣的神话传说、古诗和绘画作品，也可以发挥创意，编写一些有趣的故事。慢慢地，你会发现自己在一天天的进步——兴趣越来越广泛、思维越来越活跃、眼、手、脑越来越协调、笔下的线条也越来越流畅、自然。

7. 鹦鹉——会模仿声音的鸟儿

鹦鹉的羽毛绚丽多彩，像美丽的锦缎一样迷人。如果你在做鸟类笔记的时候，对色彩的把握没有信心，那就找个机会好好地观察一下鹦鹉吧！大自然中有最美丽的色彩，有最好的老师，相信只要用心观察，你一定会大有收获的。

毫不夸张地说，鹦鹉是最漂亮的鸟类，它的羽毛五彩斑斓，十分耀眼，惹人喜爱。

鹦鹉小档案

鹦形目→鹦鹉科
栖息地：温带、热带和亚热带地区
食　物：种子、浆果、坚果和嫩叶等

　　鹦鹉是典型的攀禽，四个趾头两个向前，两个向后，非常适合抓握。它长着尖尖的、弯而有力的喙和锐利的爪子，使它能轻松地剥开坚果，美美地饱餐一顿。

考考你

你知道下面说的是哪种鸟儿吗？连一连吧！你能用简洁的语言记录这些鸟儿的特征吗？你也可以动笔画一画哟！

世界最大

世界最小

象征吉祥

捕虫能手

模仿声音

传递信息

鸟儿特征

_____

_____

_____

_____

_____

_____

我来画

试着画出你喜欢的鸟类吧！

鸟类总结

鸟类是脊椎动物的一大类，主要特征包括：卵生、体温恒定、没有牙齿、全身有羽毛、胸肌发达、前肢能变成翼、后肢能行走。

第二部分

虫儿飞，孩儿追

走进大自然，呼吸着清新的空气，抬眼望去，勤劳的蜜蜂在花丛中飞来飞去，美丽的蝴蝶迎着清风翩翩起舞；耳畔传来蝉的鸣叫声。不远处，蜘蛛在忙着织网捕虫，准备饱餐一顿；夏夜的萤火虫像提着一盏小灯笼，给黑夜带来点点光亮。美丽的大自然、奇妙的昆虫世界让人心旷神怡。让我们拿起画笔，来勾勒这一幅幅生动的画面吧！

1. 蜜蜂——飞来飞去嗡嗡嗡

蜜蜂小档案

膜翅目→蜜蜂科
栖息地：世界各地均有分布，以热带、亚热带地区居多
食　物：花粉和花蜜

嗡嗡嗡

蜜蜂是社会性昆虫，过着群居生活。在一个大家庭中，除了蜂王，还有几百只雄蜂和成千上万只工蜂，它们各司其职，分工明确。

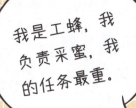

蜜蜂是"天才建筑师"，它筑的蜂巢是六角形的，既美观又坚固。

工蜂的日常生活记录

1. 我在花丛中飞来飞去。

2. 我在忙着采蜜。

3. 哇，这里的蜂蜜好多啊！我跳 8 字舞，告诉同伴蜂蜜的方向和位置。

4. 辛苦了一天，我要睡觉喽！各位，晚安！

当蜜蜂受到威胁时，会采取蜇人的方式来进行自我保护。这时，蜜蜂会将体内的刺针露出来，刺入人的身体。蜜蜂的刺针长在腹部末端，一端连接着身体里的毒腺和内脏，另一端有倒钩。当它蜇人时，倒钩一端钩住了人的皮肤，另一端连接的内脏也会被扯出来。所以，蜜蜂蜇人后自己也会死掉。

唉，我是在用生命进行抗争啊！

山雀

胡蜂

蜜蜂的天敌

蜻蜓

飞燕

啄木鸟

天蛾

蜘蛛

我们在做昆虫观察笔记的时候，要做到手、眼和脑的协调，眼睛看到了，脑袋能记录下来，手就能表现出来。绘画能力的提高可以通过反复临摹和练习，而观察事物的方法和习惯却需要从一开始就培养。做观察笔记也不一定非要亲眼看到实物，有时候也可以借助图片、网络等途径来积累素材。

2. 蝴蝶——花园里的舞蹈家

蝴蝶色彩鲜艳，翅膀上布满了各种美丽的斑纹，被誉为"会飞的花朵"。它的翅膀上长有大量的鳞片，美丽的色彩都是由这些鳞片呈现出来的。还有一些鳞片本身没有颜色，是太阳光照在上面发生了散射等现象，才让我们看到了五彩斑斓的色彩。这些鳞片含有丰富的脂肪，能起到保护作用，即使在淅淅沥沥的小雨中，蝴蝶也照样可以飞行。

我不怕小雨！

蝴蝶小档案

鳞翅目
栖息地：除南极和北极之外的世界各地
食　物：花粉

蝴蝶的一生要经历卵、幼虫、蛹和成虫四个阶段。

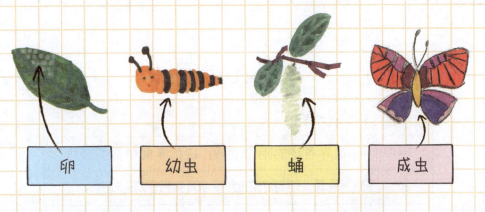

| 卵 | 幼虫 | 蛹 | 成虫 |

蝴蝶是昼行性昆虫，白天出来活动。

我的味觉器官长在脚上！

蝴蝶的味觉器官长在脚上，这种味觉器官能够感知甜味、咸味和苦味，比人类的味觉器官要灵敏得多。蝴蝶只要用脚触碰一下食物，就知道味道了。

3. 蜗牛——背上背个"家"

蜗牛小档案

柄眼 目→蜗牛科
栖息地：世界各地的阴暗潮湿、疏松多腐殖质的环境
食　物：蔬菜、果树的叶芽和作物的根叶等

蜗牛的身体十分柔软，外面有一个螺旋形的外壳，就好像背上背了一座小房子。由于它爬行时头部有像牛角一样的触角，因此人们把它叫做蜗牛。

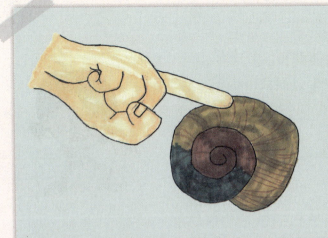

当有敌害过来侵犯蜗牛时，它就会把头和足缩回壳里，同时分泌黏液将壳口封住；当外壳破损时，它还能分泌出修复肉体和外壳的物质。

蜗牛是世界上牙齿最多的动物。它夜晚出来活动，最怕阳光直射，对周围的环境反应十分敏感。它的视力不太好，在微弱的光线下只能看到 6 厘米远的距离。但它的触角和嗅觉灵敏，依靠触角、嗅觉寻找食物。

蜗牛是一种很有名气的中药，有清热、解毒、消肿和解暑等作用，对预防心脑血管疾病有较好的功效。此外，蜗牛还含有丰富的蛋白质，其消化腺中分离提取的"蜗牛酶"价格昂贵。

其实蜗牛是一种软体动物，并不是昆虫，很多人都对此产生过误会，小朋友们可要记清楚哦！

蜗牛饲养笔记

你想亲自饲养一只蜗牛吗？你需要准备以下物品：潮湿的土壤、饲养箱、水、菜叶和树枝等。

时间：_____ 地点：_____ 天气：_____

环境：_____ 食物：_____

主要活动：_____

_____

_____

_____

_____

心得体会：_____

_____

_____

_____

_____

_____

4. 蝉——夏天的歌唱家

蝉小档案

半翅目→蝉科
栖息地：草原、森林和沙漠
食　物：植物的汁液

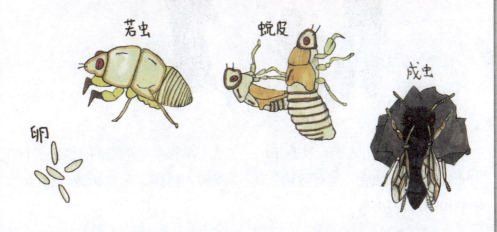

若虫　　蜕皮　　成虫　　卵

　　蝉又叫知了，体长 2~5 厘米，长着两对膜翅，复眼突出，它要经过蜕变才能成为成虫。秋天，蝉在树枝里把卵产下来，等到第二年夏天，幼虫就会钻出来。幼虫掉到地上，就钻进土里。几年之后，幼虫在夏天从土里钻出来，爬到树上或草上，完成蜕皮，就变成了蝉。

　　在生活中，虽然很难捕捉到"金蝉脱壳"的瞬间，但可以借助网络视频，将这个画面画出来。你可以来张速写，也可以来张素描，如果还能绘声绘色地把内容讲述出来就更加完美了。

夏天走在路上，你会听到响亮的"嗞嗞嗞"的蝉鸣声。你知道吗，会叫的蝉都是雄蝉。雄蝉的身上有发声器，能叫个不停。而雌蝉的身体构造不完整，不能发声，因此被称为"哑巴蝉"。

知了！
知了！

蝉蜕下的壳可入药，中医称为"蝉衣""蝉蜕"，有散热、利咽和明目等功效。

蝉的嘴是中空的，像针一样，能刺入树体，吸食树液。

药

可以将对蝉的观察和自己的生活结合起来，完成一幅生活气息浓厚的画面。比如你走在树林里，这时听到蝉鸣声，便小心翼翼地凑过去看，你看到的蝉和你自己本身就是一幅完整而生动的画面。

5. 蚂蚁——了不起的大力士

蚂蚁小档案

膜翅目→蚁科
栖息地：除南、北极以外的世界各地
食　物：水果、蜜露和昆虫等

　　走在路上，有时候你会看到一只只小蚂蚁，它们"行色匆匆"，好像在寻找着什么。有时候你还会看到它们聚集在一起，齐心协力地抬一只虫子、一粒米或一块饼干碎屑。这时你也许会情不自禁地感叹一句："蚂蚁真是大力士，能抬起比自己身体大好多倍的物体哩！"

我们就是传说中的大力士！

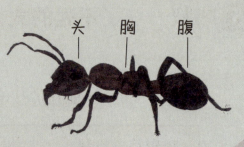

蚂蚁头部较大，体形较小，有一对复眼和长触角。外部形态分为头、胸、腹三部分，有六条腿，有黑、褐、红和黄等颜色。

头　胸　腹

蚂蚁是社会性很强的昆虫，喜欢群居生活，它们相互合作，分工明确。

蚁后，只负责产卵。

兵蚁，负责保护蚁群，守卫蚁穴。

工蚁，负责建造、维护蚁穴，搜寻食物和饲喂幼蚁及蚁后。

蚂蚁为什么喜欢排队走路呢？那是因为后面的蚂蚁不用眼睛看路，光凭前面蚂蚁留下的气味就可以向前爬行了。

蚂蚁是动物界著名的建筑专家，它们利用颚部在地下挖洞，通过搬运一粒粒的沙土，建造蚁穴。蚁巢内有许多分室，包括游动巢、土壤巢、地表巢、木质巢、层纸巢和丝质巢。蚁穴坚固、舒适、安全，道路四通八达。蚁穴外还有一些地方，供储藏食物用，因为那里通风性好，冬暖夏凉，食物不容易腐坏。

蚂蚁喜欢吃花蜜，工蚁把采到的花蜜带回蚁穴，和大家一起分享。

好的!

这花蜜真好吃，我们带回巢穴和大家分享吧!

蚂蚁触角的作用

①嗅觉功能：觅食、认路以及和同伴传递信息。

②听觉功能：接受外界信息，躲避危险。

③运动功能：感受自己的空间位置，维持身体平衡。

6. 苍蝇——传播病菌的坏家伙

苍蝇种类繁多，遍布世界各地，它的头部呈球形或半球形，有一对触角，它没有鼻子，分辨食物的味道要靠腿部的味觉和触觉感官器，善飞行，白天活动，晚上休息。它经常出现在脏乱的地方，身体上携带大量病菌，是人类疾病病原体的主要传播者之一，也是公认的"四害"之一。

蚊子

其他"三害"

蟑螂

老鼠

苍蝇小档案

双翅目
栖息地：世界各地
食　物：花蜜、植物汁液和生活垃圾等

夏天打开门窗，不知道什么时候，一只苍蝇飞了进来。它一会儿落到了蛋糕上，一会儿落到了垃圾上……

哎呀，它真的太脏、太讨厌了！

你这个坏家伙，我的蛋糕被你弄脏了！

苍蝇的繁殖能力特别强，这也是它们一直被人追打，却始终没有被消灭的原因之一。

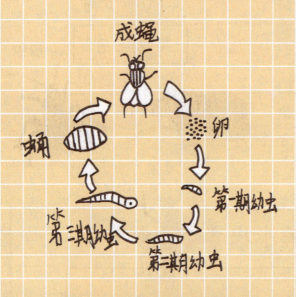

成蝇

蛹

卵

第一期幼虫

第二期幼虫

第三期幼虫

苍蝇每只脚的末端都有一对钩爪和爪垫，因此，即使停在天花板上，它也不会掉下来。

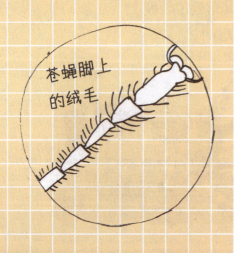

苍蝇脚上的绒毛

苍蝇虽然害处极多，但它能像蜜蜂一样，给植物授粉。苍蝇的幼虫还能分解大量死亡、腐败的动植物，减少自然界的垃圾。

苍蝇在给植物授粉。

苍蝇幼虫在分解动植物。

蚊子小档案

双翅目→蚊科
栖息地：世界各地的隐蔽、阴暗和通风不良的地方
食　物：植物汁液和血液等

蚊子是一种小型昆虫，分布在世界各地，也是"四害"之一。它的翅膀狭长，呈灰褐色、棕褐色或黑色。

嗡嗡

蚊子飞行时嗡嗡嗡的声音不是从口里发出来的，而是翅膀快速扇动引起的。

蚊子的幼虫生活在水里，称为孑孓。

雌蚊有短而稀疏的毛，雄蚊有长而浓密的毛。

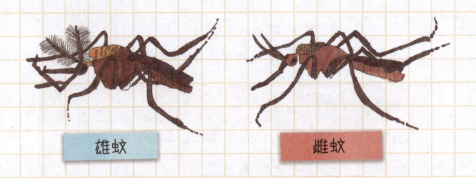

| 雄蚊 | 雌蚊 |

雄蚊没有吸血功能，以吸食植物汁液为生。
雌蚊不仅叮咬人，还会叮咬家畜，传播疾病。

雌蚊通过刺吸式口器刺入皮肤后，开始吸食血液。

如何防治蚊子

①使用杀虫剂

②安装纱门、纱窗和蚊帐

③点艾草和蚊香

考考你

你知道下面说的是哪种昆虫吗？用笔连连看吧！你能用一句话来概括这些昆虫的特征吗？你也可以动笔把它们画下来哟！

夏天的歌唱家

花园里的舞蹈家

了不起的大力士

人人喊打的"吸血鬼"

昆虫特征

_____

_____

_____

_____

_____

_____

我来画

试着画出你喜欢的昆虫吧!

昆虫类总结

昆虫属于节肢动物门中的昆虫纲,身体分为头、胸、腹三部分。它们的头部有触角、眼睛和口器等,胸部有三对足,翅膀有一对或两对,也有一些昆虫没有翅膀,如蚂蚁。腹部有节,两侧有气孔,是呼吸器官。多数昆虫都需要经历卵、幼虫、蛹、成虫等发育阶段。

哺乳动物棒棒哒

一、可爱动物

在我们的周围，生活着许多哺乳动物，如狗、猫、猪、兔……它们的眼睛亮晶晶的，浑身上下毛绒绒的，模样萌萌的，憨态可掬，真可爱啊！它们既是我们的好朋友，又给了我们家人般的陪伴和温暖，给我们的生活增添了不少欢声笑语。让我们走近它们，观察它们，记录它们，制作属于自己的萌宠观察笔记吧！

1. 狗——人类忠实的朋友

狗小档案

食肉目→犬科
栖息地：世界各地均有分布
食　物：肉、骨头等

猜谜语

脚上烙朵梅花，
能帮主人看家。
饿了啃啃骨头，
见人摇摇尾巴。

汪汪汪!

狗是人类忠实的朋友，它陪伴在主人的身边，为
主人看家护院。聪明的狗狗还能读懂主人的意思，完
成一些简单的指令，如开门、拿取物品等。当然喽，
越聪明的狗狗能完成的指令也越多越复杂，有的狗狗
甚至还能帮主人哄孩子哩！

狗不会流汗，热的时候会张嘴、吐舌头，排放体
内的热气。

狗是色盲，不能辨别
色彩。我们眼中五颜六色
的世界，在它们的眼里却
是黑白的。

狗聪明、忠实和善解人意，因此在世界各地备受人们的宠爱。狗的品种有很多，如：比熊、博美、吉娃娃、哈士奇和萨摩耶等。

敬业的狗狗

在工作方面，经过长期的培育、训练，人们利用它们的天赋和特长，可以满足不同工作的要求和需要，如有负责打猎的猎犬、有负责侦察破案的警犬、有负责救援的搜救犬、有帮助盲人的导盲犬等。

猎犬

猎犬，也叫"猎狗"，是经过训练后，帮助猎人打猎的狗，它是猎人的好帮手。

警犬

警犬是经过专门技术驯服进行侦察破案的一种工作犬，它们灵活机警、训练有素、听从指挥。

搜救犬

搜救犬的工作是搜索和救援。由于狗的视觉、听觉和嗅觉都高于人类许多倍，因此经过专业培训后，它们成了百发百中的搜索行家。

导盲犬

导盲犬经过严格训练后，能听懂很多口令，可以带领盲人安全地走路，当遇到障碍和需要拐弯时，还会引导主人停下来。

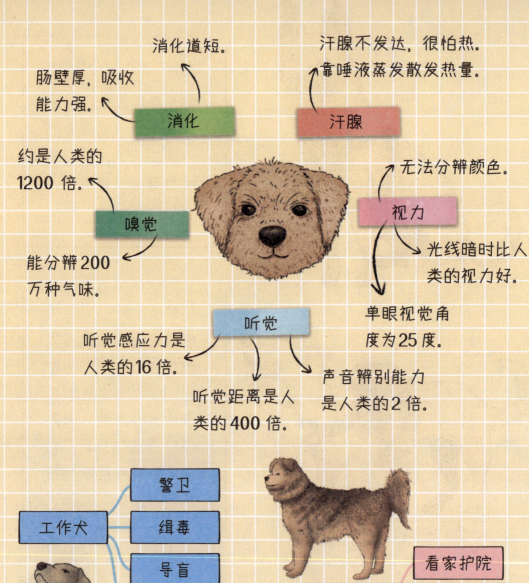

消化道短。

肠壁厚，吸收
能力强。

消化

汗腺不发达，很怕热。
靠唾液蒸发散发热量。

汗腺

约是人类的
1200 倍。

嗅觉

能分辨200
万种气味。

无法分辨颜色。

视力

光线暗时比人
类的视力好。

单眼视觉角
度为25度。

听觉

听觉感应力是
人类的16倍。

听觉距离是人
类的400倍。

声音辨别能力
是人类的2倍。

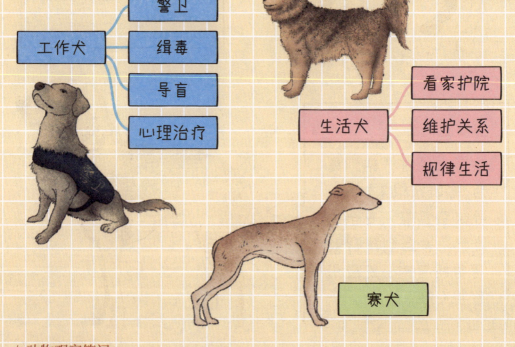

工作犬
- 警卫
- 缉毒
- 导盲
- 心理治疗

生活犬
- 看家护院
- 维护关系
- 规律生活

赛犬

关于狗的祖先的问题一直存在着争议，有科学家认为狗是由狼驯化而来，也有科学家认为狗是由狼、狐等动物杂交而来。

顺便说说狼吧！

狼小档案

食肉目→犬科
栖息地：森林、沙漠、山地和草原等
食　物：肉类、食草动物及啮齿动物等

狼是夜行性动物，体态匀称，四肢修长，面长腭尖，牙齿锋利，耳尖而立，毛粗而长，嗅觉灵敏，听觉发达，善于快速及长距离奔跑。

我就是传说中狗的祖先！

2. 猫——传说中虎的师傅

猫小档案

食肉目→猫科
栖息地：除南极洲以外的每一个大陆上
食　物：老鼠、鱼、鸟等

作为夜行性动物的猫，为了在夜晚能看清楚事物，它需要大量的牛磺酸，而老鼠和鱼的体内就含有牛磺酸，所以猫吃老鼠和鱼，也是出于自身的需要。

喵喵喵!

猫在我们的日常生活中是一种很常见的小动物，它不喜欢群居，领地观念强，攀爬本领高，可爱中带着一点儿任性和傲娇，有时候还有些粘人。

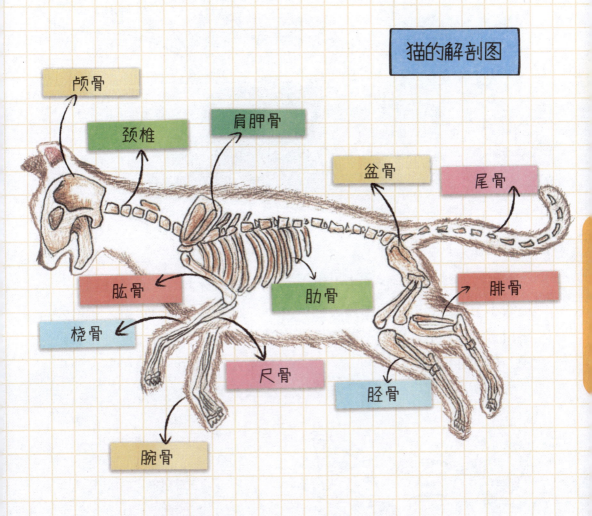

猫的解剖图

颅骨

颈椎

肩胛骨

盆骨

尾骨

肱骨

肋骨

腓骨

桡骨

尺骨

胫骨

腕骨

观察解剖图，会让我们对观察对象有和平常所看到的不一样的视角，也会有意想不到的收获。

夜行猫猫

白天强烈的太阳光会刺得猫眼睛疼，而在夜晚，它的视力是我们人类的 6 倍。

夜晚我的眼睛显得分外神秘！

洁癖猫猫

猫特别爱干净，它舌头上粗糙的小突起是它去污的工具。它常用舌头舔舔毛，用爪子擦擦胡子，进行自我清洁。

在被人抱过后，它这样做是为了去掉身上的味道，躲避追踪。

如果主人抚摸它后，它也会舔舔被抚摸的地方，这是为了记住主人的味道，以免和主人分开了找不到主人。

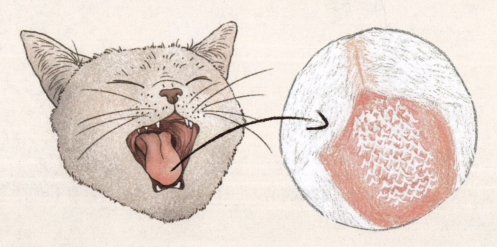

"贪睡"猫猫

猫的一天中有 14~15 个小时都在睡觉，还有的猫能睡 20 个小时以上，所以人们叫它"懒猫"。

事实上，它只有 4~5 个小时在真睡，其他时间都是在"假睡"或闭目养神。只要有点儿声响，它的耳朵就会动，有人靠近的话，还会一下子醒过来。

高兴的猫猫

高兴时，猫会竖起尾巴，或者发出"呼噜呼噜"的声音。

生气的猫猫

生气时，猫会使劲地摇尾巴，甚至可能向惹怒它的人猛扑过来。

猫猫对你说

　　猫的感情丰富极了，它还有很多种"语言"方面的表达，不信你看——

各种各样的猫

下面这三种猫，你在生活中见到过吗？怎样能画得更形象呢？动手试试看吧！

奶牛猫

奶牛猫有"猫中哈士奇"的称号，它们精力旺盛，贪玩，比较粘人。因为看起来像奶牛，所以叫"奶牛猫"。

狸花猫

狸花猫的两只耳朵之间的距离近，大小适中，耳根阔、耳廓深、脸颊宽、眼睛又大又亮，像圆杏核似的。

山东狮子猫

山东狮子猫长得酷似小狮子，因而得名。它头圆、嘴大、触须长、四肢壮、牙齿锋利、眼睛又大又圆、尾巴又粗又长。

③. 猪——身体圆滚滚的

猪小档案

猪形亚目→猪科
栖息地：世界各地
食　物：植物、昆虫、小动物和人类废弃物等

猪通常头长、耳朵大、四肢短小、身体肥壮，性格温顺，走起路来晃晃悠悠的，看起来十分笨拙、可爱。

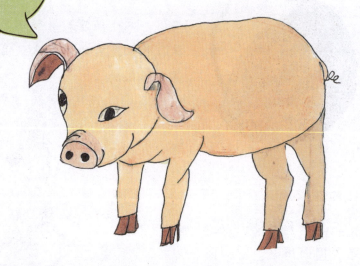

我不仅不笨，还很聪明哩！

在做猪的观察笔记的时候，要着重抓住它的特征来画：耳朵大、鼻子口吻突出、四条腿又短又小、身体圆滚滚的、尾巴较细、爱睡觉。

拱土觅食

猪吃食时，先是闻、拱、舔、啃，当食物合乎自己的口味时，便开始大口大口地吃起来。猪鼻子是高度发育的器官，在拱土觅食的时候，嗅觉起着决定性的作用。

猪猪会游泳

野猪是不折不扣的"游泳健将"，它的毛有油性，防水性好，躯干比例较大，胸腹腔能提供较大的浮力。家猪也会游泳，不过体重太大的猪，可能就游不了了。

在泥坑里打滚

猪猪喜欢跳进泥坑里，在泥坑里滚来滚去。有人认为这是因为天气太热了，它的身上没有汗腺，打滚可以降温和保护皮肤；有人认为这是它自娱自乐的玩耍方式；有人认为是吸引伴侣的行为；还有人认为这是它在进化过程中保留了一些和水相关的特征和行为。

如果你生活在农村或有机会到农村去，可能会亲眼看到猪。你可以走近它、观察它，可以画整体，也可以抓住它的某种特征（或某个部位）来画。

野猪最早在中国被驯化。中国养猪的历史开始于新石器时代早、中期。猪和狗是大汶口文化的先民们饲养的最主要的两种家畜。

野猪

防毒面罩的发明

当野猪闻到刺激性毒气后，会用嘴拱地，泥土对毒气起到了过滤和吸附的作用。人们受到启发，发明了防毒面罩。

4. 兔——蹦蹦跳跳真可爱

兔小档案

兔形目→兔科
栖息地：荒漠、草原和森林等
食　　物：蔬菜和草、植物的根、茎、叶、种子等

你是从哪里了解到兔子的呢？是民间传说里嫦娥怀里抱着的玉兔，是十二生肖中的生肖兔，还是某一天看到了邻居家饲养的宠物兔？

兔子是一种胆子很小的动物，它的耳朵长长的，尾巴短短的，三瓣嘴儿，擅长跳跃，性情温顺，喜欢安静，害怕陌生人或动物突然靠近。

兔子的颜色有许多种，有黑、白、灰等。

躯干　头部　尾巴　前腿　后腿

兔兔的牙齿

> 我的门齿适合切断食物，臼齿适合磨碎食物。

兔子爱吃的食物

兔兔的"语言"

　　兔兔也有属于自己的"语言"，它的"语言"含意很多，你了解吗？

轻声磨牙

咕咕咕

大声磨牙

大声尖叫

呜呜呜

嘶嘶嘶

兔兔的行为

兔兔的不同的行为也代表着不同的含意，你知道吗？

绕圈转

后腿跺脚

侧身睡

蹲下来

实然跳起

扑过来

原地跳

尽量把身体压低

舔手

四肢和脚尖立起

5. 仓鼠——酷似一个小毛球

仓鼠小档案

啮齿目→仓鼠科
栖息地: 树林、灌木丛等
食 物: 坚果、植物嫩茎或叶、小虫等

　　仓鼠科是哺乳动物中最大的一科，种类繁多，化石种类也有不少。由于仓鼠活泼可爱，喜欢和人亲近，近年来成了备受人们欢迎的宠物。

仓鼠的身长为 8~12 厘米，体重约为 30~40 克。

　　仓鼠的身体小小的，浑身毛茸茸的，两只小眼睛滴溜溜直转，就像一个眨着眼睛的小毛球。

仓鼠的两颊有颊囊，可以暂时存放食物。

这是我的小小储藏间！

别看仓鼠的体型小小的，动作却特别灵活，奔跑和爬树都是它的拿手项目。

你追不上我！

夜幕降临以后，仓鼠的视力很差，只能模糊地辨认形状，也只能分辨黑白色。

糟糕，我看什么都很模糊！

仓鼠多数不冬眠，靠储存食物过冬；少数在天寒地冻的时候，会进入不太活跃的准冬眠状态。

我要睡觉喽！

仓鼠的行为

仓鼠不同的行为表达的含意也各不相同，一起来看看吧！

耳朵下垂

不停刨坑

反身尖叫

疯狂跑轮

清理毛发

坐着睡觉

露出尾巴

变成"鼠饼"

咬手

舔手

啃咬笼子

扔便便

突然不动

四脚朝天

发热烫手

站立观察

溜边走

耳朵竖立

绕圈跑

屯粮

考考你

下面说的是哪种哺乳动物呢？找一找，连一连。你能用简洁的语言概括这些哺乳动物的特征吗？你也可以尝试着动笔画一画哟！

身体圆滚滚的

酷似一个小毛球

蹦蹦跳跳真可爱

人类忠实的朋友

传说中虎的师傅

可爱动物的特征

_____

_____

_____

_____

_____

_____

我来画

试着画出你喜欢的可爱动物吧!

二、威风动物

　　与前面那些可爱的哺乳动物不同的是，有一些哺乳动物十分威风，威猛程度甚至达到了让人听了"闻风丧胆"的程度。它们身躯庞大，四肢有力，异常凶猛。让我们走进动物园，远远地观察它们，认真地记录，制作属于这些威风动物的观察笔记吧！

. 虎——威风凛凛山大王

虎小档案

裂脚亚目→猫科
栖息地：热带雨林、常绿阔叶林等
食　物：野牛、野羊、野猪和野鹿等

老虎捕食记

　　森林里，一只大老虎睡醒了，开始四处觅食，森林里的小动物们见了它，吓得纷纷四处逃窜。

老虎是哺乳纲的大型猫科动物，也是大名鼎鼎的"百兽之王"。它非常凶猛，威风无比，令无数小动物望风而逃。

它没有固定的巢穴，大多数时候在山林间四处觅食，一般白天休息，等到黄昏时分才出来活动。老虎的活动范围较大，每天在北方的觅食活动范围可达数10千米。

老虎捕食时异常凶猛，迅速果断。它慢慢地靠近猎物，突然一跃而起，先用可伸缩的利爪抓穿猎物的背部，将其拖倒在地，然后再用粗壮、锐利的犬齿紧咬住它的咽喉，使它窒息而死。

耳朵短小

毛发呈浅黄或棕黄色

全身布满黑色横纹

强而有力的牙齿

头圆

胡须能感知与物体的距离

前足有5个脚趾

趾型掌垫，柔软有弹性

四肢健壮有力

后足有4个脚趾

虎的祖先

小型食肉类动物"中国古猫"，是现代虎的
祖先，它与人类出现的时间比较接近。

我就是传说中虎的祖先！

最大的虎和最小的虎

最大的虎是西伯利亚虎，雄
性体长可达3.7米，体重423千克。

苏门答腊虎是最小的活亚种，
雄虎体长2.34米，体重136千克。

西伯利亚虎

苏门答腊虎

看看我俩
像不像？

2. 狮——不好，草原霸主来了

狮小档案

裂脚亚目→猫科
栖息地: 主要生活在非洲的大草原上
食　物: 瞪羚、野猪、长颈鹿和非洲水牛等

嘿，来张全家福!

你一定发现了吧，狮爸爸的头上有一圈儿帅气的鬃毛，狮妈妈的头上却光秃秃的什么也没有，这就使它看起来比狮爸爸逊色不少。

狮爸爸抖动着头上的鬃毛，一方面在展示着自己独一无二的雄性魅力，另一方面也是在震慑其它雄狮："你们给我小心点儿! 别惹我!"

小狮子成长记

①狮妈妈怀孕3个半月之后，生下了4个狮宝宝。

②残酷的野外环境，只剩下了2个狮宝宝。

③"爸爸妈妈的身上没有斑点，我们的身上却长着许多斑点，这是为什么呢？"

④狮妈妈不在的时候，狮群里的其他狮妈妈也会照顾狮宝宝。

⑤狮宝宝们10个月了，开始尝试自己捕猎了。

⑥狮宝宝们2岁了，从此以后要开始独立生活了。

你心里一定有个疑问："百兽之王"老虎和"草原霸主"狮子谁更厉害呢？

如果让狮子和老虎比拼速度和力量，狮子往往会甘拜下风。但在捕食猎物方面，老虎可就不一定是狮子的对手了。因为狮子是群居动物，异常团结，如果它们想要围攻哪个动物，那它几乎是跑不掉的。

简单的说，单打独斗，狮子未必是老虎的对手。但要论群体的力量，老虎恐怕就不是狮子的对手了。

狮子是猫科、豹属的大型猛兽，是现存平均体重最大的猫科动物，也是非洲顶级的猫科食肉动物。它们处于生物链的顶端，是天生的猎食者。

③. 猎豹——陆地上的短跑冠军

猎豹小档案

食肉目→猫科
栖息地: 主要生活在非洲和西亚地区
食　物: 斑马、羚羊、野兔和鸟类等

猎豹的外形特征

鼻子宽

头小而圆

耳朵短

尾巴粗而长

腿部有力

全身有黑色圆形斑点

腰细

后爪 4 趾

前爪 4 趾和 1 个尖爪

第三部分 哺乳动物棒棒哒　93

猎豹的成长经历

猎豹宝宝在母豹的肚子里要住上 90 多天。

猎豹宝宝生下来 2 ~ 3 天开始爬行。

猎豹宝宝 4 ~ 14 天睁开眼睛。

猎豹宝宝 21 ~ 28 天开始取食，两个月后断奶。

1 岁以后，开始独立捕食。

猎豹又叫印度豹，它们喜欢独居或以小家庭为单位聚集在一起。它们跑得非常快，最高时速可达 115 千米 / 小时。

快得像飞一样!

如果你去动物园，看到了猎豹，可以先记录它的外形，它做了什么，都有哪些姿态，当天的天气和周围的环境等。记住，还要记下当下的观察和感受，回到家后，可以再进行相应的补充。

4.棕熊——憨态可掬的"大块头"

熊小档案

食肉目→熊科
栖息地: 荒漠、高山、森林和冰原地带等
食　物: 草料、谷物、昆虫、鱼和蹄类动物等。

熊的特征

身躯健硕庞大

大大的头

小小的眼睛

四肢粗壮有力

尾巴短而小　锋利的爪子　小小的耳朵　长长的嘴巴

棕熊是陆地上食肉目体形最大的哺乳动物，最重
的科迪亚克棕熊可达 800 千克，直立时高达 2.5 米。

2.5 米

这个"大块头"和我一样高！

试试给棕熊上个色

棕熊冬眠了

棕熊是一种冬眠动物，每年从 10 月底或 11 月初开始，一直要睡到第二年 3、4 月份才醒过来。它们在冬眠期间大约需要消耗 50 千克脂肪，这就需要它们在秋天必须吃掉足够量的食物。

冬天临近了，棕熊会选择寒风小、枯枝多的向阳地带的大树洞或石隙缝，美美地睡上一个冬天。

棕熊捕鱼记

①经过几个月漫长的冬眠，一只棕熊醒过来了，它实在是饿坏了，便来到了一条小河边捕鱼吃。

②它在河边等候了好几个小时，看见一只鱼儿游过来，它终于逮着机会给鱼儿来了个一招击中，接着美美地吃起来。

③有时候它还会跳进齐腿高的水里，四处搜寻鱼儿的身影。一旦锁定目标，它硕大的熊掌和尖利的牙齿便立刻派上了用场。

④棕熊真不愧是个捕鱼能手啊！

5. 象——它的鼻子卷又长

象小档案

长鼻目→象科
栖息地: 丛林、草原和河谷地带等
食　物: 树叶、树枝、树皮、果实、草和根等植物

　　大象是世界上最大的陆生动物，分布于撒哈拉以南非洲和亚洲东南部。它们喜欢群居，以植物为食，且食量大得惊人。它们非常聪明，学习能力极强，嗅觉和听觉都很灵敏，但大象每年减少的速度很快。为了保护濒危大象，人们也在做着各种努力。

猜谜语

耳朵像蒲扇，
身子像小山。
鼻子卷又长，
帮人把活干。

象鼻子的作用

★ 呼吸和嗅觉

★ 触摸和感知

★ 自卫和防御

★ 和同伴进行交流

大象用鼻子吸水，然后喷到自己的身上，是为了降温或洗澡。

成年大象的力气很大，它们可以用鼻子卷起几百斤重的木头，甚至还能一下子掀翻几吨重的汽车哩！

象妈妈怀孕了，马上就要生象宝宝了。它找到一处安静的地方，用大长鼻子挖坑，开始建造新房子，准备迎接它的象宝宝。

6. 长颈鹿——它的脖子长又长

你的长脖子好像一架云梯哟!

长颈鹿是非洲特有的动物,身高可达8米,是陆地上最高的动物。

8米

糟糕,又让它跑掉了!

别看长颈鹿的个子高,胆子却非常小。遇到猎食者时,它们就立刻吓得四处逃窜,奔跑的速度也是快得惊人,每小时达到50千米。

长颈鹿小档案

偶蹄目→长颈鹿科
栖息地:非洲热带、亚热带稀树草原等
食 物:树叶、小树枝等

长颈鹿的腿太长了，喝水时要叉开前腿或跪在地上才能喝到水，猎食者往往趁其不备时向它下手。为了安全，长颈鹿往往不会一起喝水。

考考你

　　下面说的是哪种哺乳动物呢？找一找，连一连。你能用简洁的语言概括这些哺乳动物的特征吗？你也可以尝试着动笔画一画哟！

草原霸主来了

威风凛凛山大王

它的鼻子卷又长

它的脖子长又长

陆地上的短跑冠军

威风动物的特征

_____

_____

_____

_____

_____

_____

我来画

试着画出你喜欢的威风动物吧!

哺乳动物的分类及特征

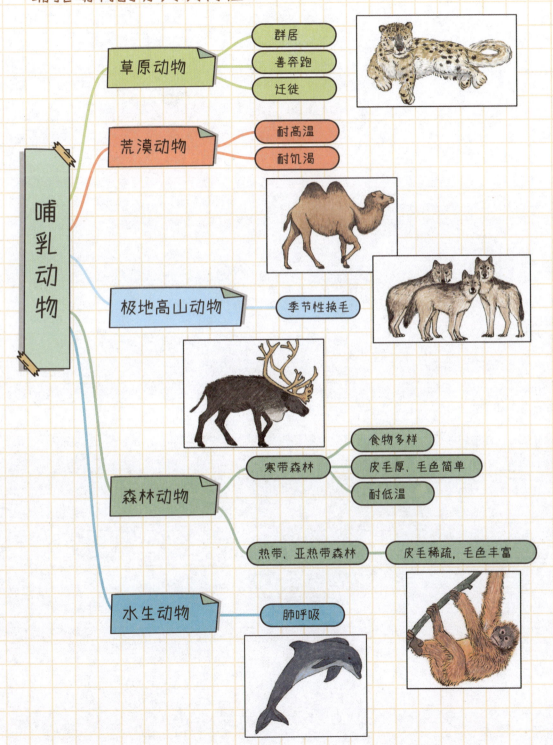

草原动物
- 群居
- 善奔跑
- 迁徙

荒漠动物
- 耐高温
- 耐饥渴

极地高山动物
- 季节性换毛

森林动物
- 寒带森林
  - 食物多样
  - 皮毛厚，毛色简单
  - 耐低温
- 热带、亚热带森林
  - 皮毛稀疏，毛色丰富

水生动物
- 肺呼吸

第四部分

美丽的水世界

美丽的水世界里有什么呢？有童话故事里会说话的小金鱼吗？有漂亮的人鱼公主和富丽堂皇的海底宫殿吗？水世界充满了神秘色彩，让我们满足好奇心一探究竟——原来这里有海星、海马和好多好多各怀本领的海洋生物……

 1.海星——酷似一颗五角星

海星小档案

有棘目→海燕科
栖息地：有沙、岩石或珊瑚的海底
食　物：贝类、海胆、螃蟹和海葵等

猜谜语

一颗五彩星，
栖息在水底。
悄悄藏沙地，
最爱搞偷袭。

海星的外形特征

　　海星色彩鲜艳，颜色多样，有橘黄色、红色、紫色、黄色和青色等。它们体态扁平，多为五辐射对称（有 5 条腕）。

我们都是海星！

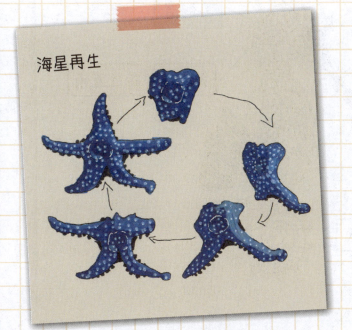

海星再生

海星的再生本领

　　如果将海星撕扯成几个碎块扔进大海里，过了一段时间，每个碎块都会重新长出失去的部分，最后成为几个完整的新海星。

2. 海马——长得好像一匹马

瞧，我俩长得多像啊！

……

海马小档案

海龙目→海龙科
栖息地：有沙、岩石或珊瑚的海底
食　物：小型甲壳动物

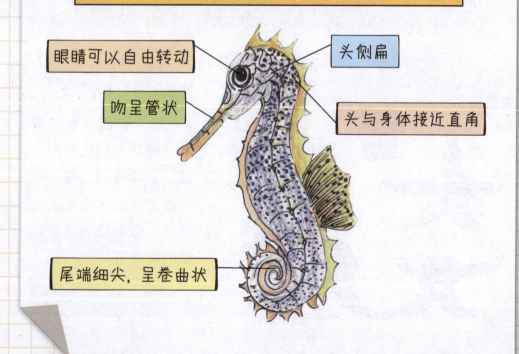

眼睛可以自由转动

吻呈管状

头侧扁

头与身体接近直角

尾端细尖，呈卷曲状

海马虽然生活在水里，但它却不擅长游水，为了防止被激流冲走，它们经常用尾部紧紧地勾住珊瑚的枝节或海藻的叶片，将身体固定住。

水流太急了，我得稳住！

海马宝宝是谁生的？

雄海马的两片胸鳍合在一起，构成了一个"育儿袋"。雌海马将卵产在育儿袋里，由雄海马负责孵化和育儿。因此人们说海马宝宝是由海马爸爸生的。

3. 寄居蟹——寄居的海边清道夫

寄居蟹小档案

十足目→寄居蟹科
栖息地: 世界各地
食 物: 杂食性, 从藻类、食物残渣和寄生虫等

掠夺来的家

①一只寄居蟹长大了, 它想拥有一个属于自己的新房子。

②它看到了一只海螺, 心想: 用海螺壳做我的新房子正合适。于是, 它向海螺发起了攻击。

③海螺哪是它的对手啊! 不一会儿, 就被它弄死了。

④寄居蟹满意地钻进螺壳, 从此它有了一个坚固耐用的新家。

这些东西作为我的新家也不错哟!

寄居蟹的颜色十分鲜艳，容易饲养，受到惊吓后就立刻缩回壳里的样子特别可爱，这些因素使它成为了人们所钟爱的宠物。

家庭饲养寄居蟹，可以喂它吃:

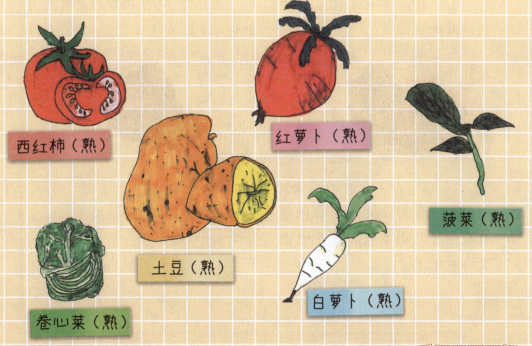

西红柿（熟）

红萝卜（熟）

菠菜（熟）

土豆（熟）

白萝卜（熟）

卷心菜（熟）

4.章鱼——常喷"墨汁"来逃生

章鱼小档案

八腕目→章鱼科
栖息地：世界各地热带及温带海域
食　物：以瓣腮类和甲壳类为食，也食浮游生物

小章鱼逃生记

①一只小章鱼正在水里快乐地游玩。

②突然，一条凶狠的大鲨鱼朝它游过来。

③"看来得使出我的保命技能了！"小章鱼心想，喷出了一股墨汁。

④趁大鲨鱼看不清的工夫，小章鱼偷偷溜走了。

海底智者

章鱼的大脑发达，智力超群，它会使用工具——能搬动的椰子壳，并把其当做自己的盔甲来使用。

海底收藏家

你知道吗？章鱼也有自己的爱好，它喜欢各种各样的器皿，还喜欢钻到里面去哩！

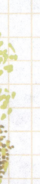

海底伪装者

章鱼的腕足非常灵活，使得它能在礁岩、石缝儿和海床间爬行。有时候它会伪装成美丽的珊瑚，有时候又装扮成闪光的砾石。

它还能改变自身的颜色和构造，然后突袭猎物，让猎物防不胜防。

5. 小丑鱼——就像京剧中的丑角

小丑鱼小档案

鲈形目→雀鲷科
栖息地：印度洋、太平洋较温暖的水域和红海等
食　物：浮游生物和无脊椎动物等

　　小丑鱼不仅长得一点儿也不丑，而且还很美丽哩！那它们为什么叫小丑鱼呢？这是因为它们的脸上长着两三条白色的条纹，看起来就像京剧中的丑角，所以就有了这样的名字。

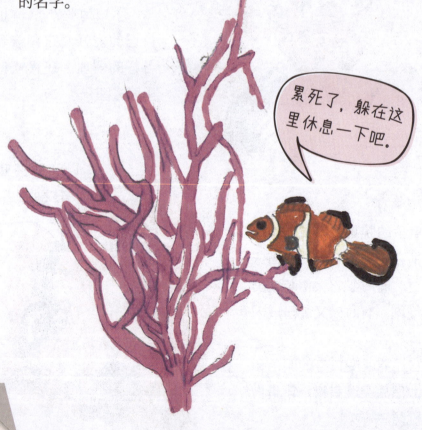

累死了，躲在这里休息一下吧。

小丑鱼和海葵

①一条大鱼朝小丑鱼游过来。

②小丑鱼赶紧去找海葵保护它。

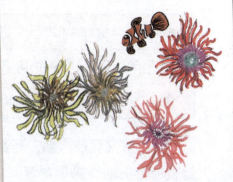

③在海葵的保护下，小丑鱼成功地脱险了。

④小丑鱼又累又饿，海葵赶忙把自己吃剩的食物分给它。

⑤小丑鱼帮海葵除去身体上的寄生虫，还吸引其它鱼类靠近，让海葵捕食。

⑥小丑鱼和海葵真是一对互助互爱的好朋友。

6. 大白鲨——海洋终极猎食者

大白鲨小档案

鼠鲨目→鼠鲨科
栖息地：各大洋热带及温带地区
食　物：鱼类、头足类和甲壳类等动物

　　大白鲨又称噬人鲨，是最大的食肉鱼类，被人们认为是食物链上的终极猎食者。它有着强烈的好奇心，经常会通过啃咬的方式探索不熟悉的目标。

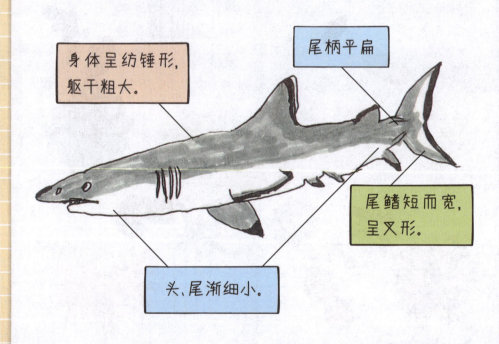

身体呈纺锤形，躯干粗大。

尾柄平扁

尾鳍短而宽，呈叉形。

头、尾渐细小。

海底伪装者

大白鲨的牙齿呈锯齿状，像三角形的刀片，这使得它能够轻松地切割和撕裂猎物。一旦有任何一颗牙齿脱落了，后面的牙齿就会移动到前面来补充。

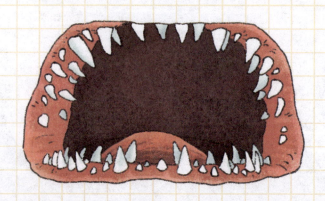

虎鲸小档案

鲸目→海豚科
栖息地: 几乎分布于所有的海洋区域
食　物: 鱼类、鸟类、爬行类等

虎鲸是海洋世界里的顶级杀手，就连大白鲨都斗不过它。

虎鲸头部较圆，身体呈纺锤形，表面光滑，皮肤下面有一层厚厚的脂肪，用来保存身体的热量。它的背部中央耸立着强大的三角形背鳍，十分醒目。

虎鲸是海洋世界里的"语言大师"，它能发出 62 种代表不同含义的声音。它还能发射超声波，借助回声来寻找鱼群，并判断鱼群的大小和前进的方向。

看你们往哪儿跑！

虎鲸"喷潮"

虎鲸的鼻孔在头顶两侧，有开关自如的活瓣。当它游到水面上时，就打开活瓣呼吸，喷出一片泡沫状的气雾，遇到海面上的冷空气就变成了一根巨大的雾柱，好像我们平时看到的喷泉一样，漂亮极了。

考考你

　　你知道下面说的是哪种水世界里的生物吗？找一找，连一连。你能用一句话概括这些生物的特征吗？你也可以拿起笔来画一画哟！

海洋顶极杀手

海洋终极猎食者

酷似一颗五角星

长得好像一匹马

常喷"墨汁"来逃生

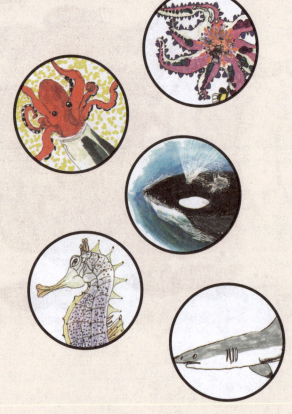

水世界生物的特征

_____

_____

_____

_____

_____

我来画

试着画出你喜欢的海洋动物吧!

寄语

夏日的绿叶，秋天的果实……
多彩的植物，是大地的诗篇。
活泼的小狗，勤劳的蜜蜂……
多样的动物，是自然的精灵。
从观察开始，爱上每一天的生活，
在科学的海洋中勇敢航行。
知识的灯塔，将指引我们前进的方向。